现代农业实用技术丛书

迷你小番薯栽培技术

杭州市临安区科学技术协会
杭州市临安区林业局（农业局） 组织编写

浙江科学技术出版社

图书在版编目(CIP)数据

迷你小番薯栽培技术/杭州市临安区科学技术协会,杭州市临安区林业局(农业局)组织编写. —杭州:浙江科学技术出版社,2018.5(2019.6重印)
(现代农业实用技术丛书)
ISBN 978-7-5341-8204-4

Ⅰ.①迷… Ⅱ.①杭…②杭… Ⅲ.①甘薯—栽培技术 Ⅳ.①S531

中国版本图书馆 CIP 数据核字(2018)第 084871 号

丛书名	现代农业实用技术丛书
书　　名	迷你小番薯栽培技术
组织编写	杭州市临安区科学技术协会 杭州市临安区林业局(农业局)
出版发行	浙江科学技术出版社 杭州市体育场路 347 号　邮政编码：310006 办公室电话：0571-85176593 销售部电话：0571-85176040 网　　址：www.zkpress.com E-mail：zkpress@zkpress.com
排　　版	杭州大漠照排印刷有限公司
印　　刷	浙江新华印刷技术有限公司
开　　本	880×1230　1/32
印　　张	1.75
字　　数	42 000
插　　页	3
版　　次	2018 年 5 月第 1 版
印　　次	2019 年 6 月第 2 次印刷
书　　号	ISBN 978-7-5341-8204-4
定　　价	10.00 元

版权所有　翻印必究
(图书出现倒装、缺页等印装质量问题,本社销售部负责调换)

责任编辑　张祝娟　　文字编辑　王季丰　　责任校对　张　宁
责任美编　金　晖　　责任印务　崔文红

"现代农业实用技术丛书"
编委会

顾　　问	吴春法　王　翔　楼秀华
主　　任	胡尚新　周　军
副 主 任	詹寿明　金海燕
执行编委	鲍宇君　姚海峰
编　　委	（按姓氏笔画排序）

丁　兰　王　方　王世福　毛伟强
仇智灵　吕　萍　孙春光　何钧潮
沈佳栾　张　青　张有珍　张来明
张慧琴　陈思思　陈康民　邵泱峰
邵香君　罗学明　周　斌　周菊敏
俞　俊　顾建强　钱定海　鲁燕君

《迷你小番薯栽培技术》
编写人员

主　　编	鲁燕君　毛伟强　顾建强
副 主 编	邵泱峰　丁　兰　陈思思
编写人员	邵泱峰　丁　兰　陈思思

前 言

2017年9月15日，临安正式撤市设区，原临安市的行政区域变为杭州市临安区的行政区域。临安区总面积3 126.8平方千米，地处浙江省西北部、中亚热带季风气候区南缘。近年来，当地政府高度重视农业和农村工作，始终把解决好"三农"问题作为工作的重中之重，推进乡村经济、乡村社会、乡村人居环境全面提升，推广标准生产技术，大力发展高效生态农业，形成了山核桃、竹笋、粮油、香榧、水果、畜牧等主导和特色产业。同时，注重做优特色农业，扎实推进山核桃"亮牌"行动和竹产业可持续发展计划，联动做好农村电商发展等工作。

2018年是贯彻党的十九大精神的开局之年，实施"十三五"规划承上启下的关键一年。为了使广大的农民群众掌握最新的农业实用技术，同时也为农村培养一批高素质的实用技术人才，使临安农业整体更上一个新台阶，全民科学素质有进一步的提高，杭州市临安区科学技术协会联合杭州市临安区林业局(农业局)编写了本套丛书。本套丛书共分六册，包括《彩叶地被植物》《湖羊生态养殖技术》《迷你小番薯栽培技术》《农产品质量安全与农村电子商务》《食用竹笋可持续栽培经营技术》《山区桃优新品种与栽培技术》。本套丛书由长期工作在农林生产第一线，具有丰富实践经验与理论积累的科技工作者编写，内容实用，文字通俗易懂，科普性强。

临安区地处浙江省西北部，西接黄山，东临杭州，属典型的山区，山地资源丰富；临安属季风型气候，温暖湿润，光照充足，雨量充沛，四季分明。优越的自然地理环境造就了临安区小番薯"香""甜""糯"的绝佳

口感,在江浙沪乃至全国范围内都享有美誉。临安小番薯产业的发展,可用"开发历史短、发展速度快、经济效益好"来概括,从2002年的10亩开始起步,之后稳步发展,面积逐年增长,2017年小番薯种植面积已超过2万亩,产值达到2.5亿元,不但增加了农民的收入,带动了当地物流行业、包装业的发展,同时让部分农村闲置劳动力实现了创收。

小番薯种植技术的推广是相关业务部门的重要工作,也是广大种植户的迫切需要。本书主要介绍了小番薯的品种、脱毒种苗的应用、栽培技术、病虫害的防治技术及收获和储藏知识。

希望本套丛书的出版可以为广大农民朋友和基层农技人员提供帮助,推动"科普惠农兴村"计划的实施,促进农村科技知识的传播,推进"美丽幸福新临安"建设。

"现代农业实用技术丛书"编委会
2018年2月

目 录

一、小番薯特征

（一）性　状 …………………………………………… 2

（二）温　度 …………………………………………… 2

（三）光　照 …………………………………………… 3

（四）水　分 …………………………………………… 3

（五）肥　力 …………………………………………… 3

（六）土　壤 …………………………………………… 4

二、小番薯品种介绍

（一）心　香 …………………………………………… 5

（二）浙薯 13 …………………………………………… 6

（三）浙薯 6025 ………………………………………… 6

（四）金　玉 …………………………………………… 6

（五）广薯 79 …………………………………………… 6

（六）浙薯 132 ………………………………………… 7

（七）浙薯 75 …………………………………………… 7

（八）浙紫 1 号 ………………………………………… 7

三、小番薯育苗技术

(一) 薯苗生长需要的条件 …………………………… 8
(二) 育苗准备 ……………………………………… 10
(三) 选种和排薯 …………………………………… 11
(四) 苗床管理 ……………………………………… 12

四、小番薯大田生产栽培技术

(一) 地块选择 ……………………………………… 15
(二) 扦　插 ………………………………………… 15
(三) 田间管理 ……………………………………… 16
(四) 采　收 ………………………………………… 18

五、小番薯脱毒种苗及繁育技术

(一) 小番薯脱毒种苗 ……………………………… 19
(二) 小番薯脱毒种苗优势 ………………………… 20
(三) 脱毒种苗繁育技术 …………………………… 20

六、小番薯双季栽培技术

(一) 推广情况 ……………………………………… 23
(二) 茬口安排 ……………………………………… 23

七、小番薯病虫害识别与防治技术

(一) 主要病害 ……………………………………… 25
(二) 主要虫害 ……………………………………… 31
(三) 病虫害综合防治技术 ………………………… 39

八、小番薯的收获与储藏

（一）番薯丰产丰收适时收获的方法 …………………… 41

（二）人工收获番薯应注意的问题 ………………………… 41

（三）建造简易的地上番薯储藏库 ………………………… 42

（四）番薯储藏期间的生理活动 …………………………… 42

（五）加强番薯储藏期间的管理 …………………………… 43

（六）鲜番薯储藏期间烂薯的原因及防治 ……………… 44

（七）番薯周年保鲜储藏的环境条件 ……………………… 46

（八）如何储藏种薯 ………………………………………… 46

参考文献 …………………………………………………………… 49

附录　无公害迷你小番薯栽培标准化技术模式

一、小番薯特征

番薯为旋花科番薯属一年生草本植物(如图1~3所示),块根膨大呈圆形、椭圆形或纺锤形。番薯营养丰富,富含淀粉、糖类、蛋白质、维生素、膳食纤维素以及多种氨基酸,具有较好的营养和保健功效,在我国大多数地区普遍栽培。

图1 山地种植番薯

图 2 番薯

图 3 番薯瓤

(一) 性　状

小番薯地上部分为茎。品种不同,小番薯茎或平卧或上升,少有缠绕,多分枝,圆柱形或具棱,绿色或紫色,被疏柔毛或无毛,茎节上易生不定根。叶片通常为宽卵形,长 4～13 厘米,宽 3～13 厘米,全缘或 3～7 裂,裂片宽卵形、三角状卵形或线状披针形,叶片基部心形或近于平截,顶端渐尖,两面被疏柔毛或近于无毛,叶色浓绿、黄绿、紫绿等,顶叶颜色是品种的分类特征之一。叶柄长短不一,长 2.5～30 厘米,被疏柔毛或无毛。

(二) 温　度

小番薯喜温怕冷,5～10 厘米处地温低于 10 摄氏度时扦插不发根,地温为 15 摄氏度时需 5 天发根,17～18 摄氏度时发根正常,20 摄氏度时仅 3 天即可发根,27～30 摄氏度时则只需 1 天即可发根。茎叶在气温 10 摄氏度以下持续时间过长或遇霜冻会冻伤枯死,15 摄氏度时开始生长,20摄氏度时生长较缓慢,25~28摄氏度时生长快。气温30摄氏度以上时茎叶生长虽然更快,但块根膨大慢。气温38摄氏度以上时,由于呼吸作用增强,消耗增多,茎叶生长受抑制而变慢。地温在零下2摄氏度时番薯块根受冻,低于10摄氏度时易受冷害,低于18摄氏度时有的块根停止膨大。20~25摄氏度的地温最适宜块根膨大。地温低于20摄氏度或高于30摄氏度时块根膨大较慢,在21~29摄氏度之间温度越高,块根形成越快,数目越多,但块根较小。块根膨大期间较大的昼夜温差有利于块根膨大和养分积累。

(三) 光 照

小番薯喜光,每天受光照12.5~13小时较适于块根膨大。受光照8~9小时,虽对现蕾开花有利,但不适于块根膨大。在光照充足的情况下,小番薯的叶色较浓,叶龄较长,茎蔓粗壮,茎的输导组织发达,产量较高。若光照不足,则叶色发黄,落叶多,叶龄短,茎蔓细长,输导组织不发达,同化形成的有机营养向块根输送少,小番薯产量低。

(四) 水 分

小番薯耐旱,但水分过多或过少均不利于增产,尤其是在结薯后受淹或遇旱对产量影响很大。在种植过程中,需根据具体情况适时、适量进行薯地灌溉,低洼地雨后应及时排涝,旱地加强中耕保墒。土壤干湿不定容易造成小番薯块根内外生长速度不均衡,出现裂皮现象。

(五) 肥 力

小番薯吸肥能力强,耐瘠薄。在氮、磷、钾三要素中,小番薯对钾的需求最多,氮次之,磷最少。此外,硫、铁、镁、钙等元素也对其生长有重要作用。据分析,每500克小番薯中含钾2.8克、氮1.75克、磷0.875克。适时增施钾肥,适量施用氮肥、磷肥有显著增产作用。

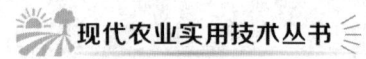

（六）土　壤

小番薯种植以土层深厚、有机质丰富、疏松、通气、排水性能良好的沙壤土与沙性土为好。土质黏重时，小番薯薯形不美观、不整齐，块根皮色较差，粗糙，产量低，不耐储藏。小番薯较耐酸碱，适应 pH 范围为 4.5～8.5，但以 pH5.2～6.7 为宜。土壤含盐量超过 0.2% 时，不宜种植。

二、小番薯品种介绍

迷你小番薯是由浙江省农业科学院专家于2000年选育成功的番薯新种类。迷你小番薯是指单株结薯数量较多,薯块大小较为均匀,粗纤维少,可溶性糖含量较高,质地细腻,香甜糯可口的一种番薯类型。迷你小番薯单个薯块重量在30～150克,不仅薯形美观,而且具有粉、甜、香、口感细腻等特点,还因其独特的营养价值和保健作用,深受消费者青睐。

目前,迷你小番薯在浙江省杭州市、金华市、嘉兴市等地已形成一定规模的生产基地。另外,在广东、海南等省也有一定规模的栽培基地。临安自2003年从浙江省农业科学院引种"心香"迷你小番薯,受益于天目山独特的生态资源环境,生产的番薯品质、薯形均优于其他地区,深受消费者欢迎,并由此走向全国各地。因注册了"天目香薯"商标,当地消费者习惯把临安产的迷你小番薯统称为"天目香薯"。

目前,适合南方山地栽培的迷你小番薯品种有"心香""浙薯13""浙薯6025""金玉""广薯79""浙薯132""浙薯75""浙紫1号"等。从近年来的生产情况看,适合双季栽培并大面积应用的品种中,"心香"较为普遍。

(一)心 香

早熟性好,一般扦插后70～100天左右收获。萌芽性较好,结薯浅而集中,单株平均结薯数6～7个,薯块大小均匀,大薯率45.9%,中薯率47.4%;薯块紫红皮黄肉,短纺锤形,表皮较光滑,质地细腻,口感较甜、较粉;薯块干物率34.5%,淀粉率20.0%,可溶性总糖含量为6.22%;抗蔓割病,中感茎线虫病;耐储性较好。

(二)浙薯13

中晚熟,生育期在140天左右。萌芽性好,结薯集中,个数较多,单株平均结薯数5.1个,平均单薯重106.1克,中薯率58.7%;薯块紫皮紫肉,纺锤形或长纺锤形,表皮光滑;薯块干物率35.3%,淀粉率21.96%,可溶性总糖含量为8.0%,鲜薯蒸煮食较甜、粉;耐旱、耐瘠,高抗茎线虫病,抗根腐病和蔓割病,中抗黑斑病;耐储性好。

(三)浙薯6025

中晚熟,中短蔓,红肉干粉型品种,生育期120~150天。结薯集中、整齐,单株平均结薯数5.6个,薯块个头较小,平均单薯重103.1克,生长期若栽培管理控制得当,50~250克薯比例可达60%~70%;薯块纺锤形,红皮橘红肉,可溶性总糖含量为4.84%,淀粉率18.36%,薯块干物率30.40%;食味甜粉,质地较细,抗性和适应性强,萌芽性好,耐储存。

(四)金 玉

早熟性好,一般插种后100天左右即可收获。萌芽性好,单株平均结薯数5~7个,薯块大小均匀,薯块短纺锤形,红皮纯黄肉,表皮光滑,口感粉、糯、甜,质地细腻,无粗纤维(筋),风味香浓,可溶性总糖含量为4.48%,淀粉率21%,薯块干物率30%~32%;耐旱性一般,易感蔓割病。

(五)广薯79

中熟,一般从插种至收获130天左右。萌芽性中等,株型半直立,中长蔓,中等分枝,顶叶绿带紫边,叶形心齿形,叶脉、茎绿色;结薯集中,单株平均结薯数5～6个,薯块大小均匀;薯块皮色金黄,肉色橘红,纺锤形,表皮较光滑,口感软、甜、糯,品质优,可溶性总糖含量为4.3%,淀粉率17.29%,薯块干物率26%～30%;适于蒸煮或烘烤;中抗薯瘟病;耐储性较好。

(六)浙薯132

种薯发芽快,苗期长势旺,较粗壮,中短蔓,叶片心形带齿,叶色浓绿;结薯集中,单株平均结薯数4.16个;薯块长圆形,薯皮红色,薯肉橘红色,表皮光滑;淀粉率17.34%,可溶性总糖含量为5.93%,薯块干物率30.70%;食味甜,口感软;耐储性较好。

(七)浙薯75

种薯发芽快,薯苗较粗壮,中长蔓,叶片心形带齿,叶色绿;结薯集中,单株平均结薯数5～8个,平均单薯重92.6克,50～250克中薯比例为61.5%;薯块短纺锤形,薯皮白色,薯肉淡黄色,表皮光滑;淀粉率21.2%,可溶性总糖含量为4.2%,薯块干物率30.3%;鲜薯蒸煮食用口感粉而细腻;耐储性较好。

(八)浙紫1号

早熟,生长期在125天左右。该品种萌芽性好,苗期长势旺,茎蔓长,叶片心形带齿,叶色绿;结薯集中,个数较多,单株平均结薯数5个,平均单薯重105.1克;薯块纺锤形或长纺锤形,薯皮紫色,薯肉紫色,表皮光滑;淀粉率22.4%,可溶性总糖含量5.1%,薯块干物率35%,鲜薯蒸煮食味较甜、粉;高抗茎线虫病、抗根腐病和蔓割病,中抗黑斑病,耐储性好。

三、小番薯育苗技术

育苗是番薯生产中的首要环节。只有适时育足苗、壮苗,才能不误时机地满足适时早栽、一茬栽齐、苗全株壮的要求。

(一)薯苗生长需要的条件

1. 温度

薯块在16~35摄氏度的范围内,温度越高,发芽出苗就越快越多。16摄氏度为薯块萌芽的最低温度,最适宜温度范围为29~32摄氏度。薯块长期在35摄氏度以上时,由于薯块的呼吸强度大,消耗养分多,容易出现"糠心"现象。温度达到40摄氏度以上时,容易发生伤热而烂薯。在育苗时高温催芽以后,要把苗床温度降到31摄氏度左右。出苗后的温度以控制在25~28摄氏度为宜。在剪苗前5~6天,床温应降到20摄氏度左右进行炼苗。

2. 水分

床土的水分和苗床空气的湿度,与薯块发根、萌芽、长苗的关系很密切。水分的多少还影响苗床的温度和土壤通气性。因此,水分是番薯育苗的重要条件之一。在薯块萌芽期应保持床土相对湿度和空气相对湿度均在80%左右,使薯皮始终保持湿润。在温度、湿度正常情况下,薯块先发根后萌芽;如温度适宜,水分不足,则萌芽后发根或不发根;如床土过于干燥,则薯块既不发根也不萌芽。出苗后,床土水分不足,根系难以伸展,幼苗生长慢,叶片小,茎细硬,形成老小苗;水分过多,幼苗生长快,形成弱苗。在幼薯生长期间,以保持床土相对湿度70%~80%为宜。为使薯苗生长健壮,后期炼苗时必须减少水分,将相对湿度降到60%以下,则育出的薯苗苗壮,利于成活。

3. 空气

育苗时薯块发根、萌芽、长苗过程中的一切生命活动,都需要通过呼吸作用获得能量。氧气不足,呼吸作用受到阻碍,薯块严重缺氧被迫进行无氧呼吸而产生酒精。由于酒精积累会引起自身中毒,导致薯块腐烂,因此在育苗过程中必须注意通风换气。氧气供应充足,才能保证薯苗正常生长,达到苗壮、苗多的要求。

4. 光照

在薯块萌芽阶段,光照对发根、萌芽没有直接影响,但光照弱会影响苗床温度。强光能使苗床增温快、温度高,可促进发根、萌芽。出苗后光照强度对薯苗生长速度和质量有明显影响。光照不足,光合作用减弱,薯苗叶色黄绿,组织嫩弱,发生徒长,扦插后不易成活。因此,在育苗过程中要充分利用光照,以提高床温,促进光合作用,使薯苗健壮生长。

5. 养分

养分是薯块萌芽和薯苗生长的物质基础。育苗前期所需的养分,主要由薯块本身供给。随着幼苗生长,逐渐转为靠根系吸收床土中的养分生长。剪苗二三茬后,薯块里的养分逐渐减少,根系吸收的养分则相应增多。薯苗生长需要较多的氮素肥料,氮肥不足薯苗生长缓慢,叶片小,叶色淡黄,植株矮小瘦弱,根系发育不良。因此,在育苗时应采用肥沃的床土并施足有机肥,育苗中后期适量追施速效性氮肥,以补充养分的不足。

（二）育苗准备

1. 育苗地块的选择

育苗地块一般要选择地势高燥、阳光充足、靠近水源、有利排水、土壤疏松且3年以上没有种植过番薯的肥沃土地。在冬季或早春结合施足基肥，深翻、耙碎整平，做成宽畦。要求畦宽80～150厘米、畦高16～25厘米，用腐熟烂肥做底肥，用量为每平方米20千克，在底肥上铺5厘米厚的干稻草，再压5厘米厚的泥土后整平床面，并在四周开好排水沟。

2. 需种量

需种量须根据供苗时间、供苗量、扦插期、扦插次数、育苗方法以及品种出苗的特性、种薯质量来确定，参考番薯各类名优品种特性、出苗的种薯质量来确定。

3. 育苗地面积

按每平方米实地排种密度18～20千克计算。为了方便育苗、剪苗，需留出足够宽的走道和大棚间距（排种实占土地比例为75％左右）。每亩育苗地排种薯占地约500平方米，可实排种薯约8 000千克。

4. 育苗方法与时间

杭州地区宜采用大棚育苗技术（如图4所示）。一般在元旦过后到2月下旬开始育苗，"心香"等出苗较慢的品种可适时早育。排种时要求薯块斜放，头尾方向一致，顶部向上，尾部向下，每排间隔5厘米，每排薯块个体间间隔2厘米。排薯后覆细松土2～3厘米，采用大棚＋小棚＋地膜三层覆盖保温。

5. 育苗物资准备

根据苗床面积大小，备足育苗所需的物料，如塑料薄膜、草苫、酿热物或燃料、沙土、支架、作物秸秆、温度计、湿度计及其他用具。

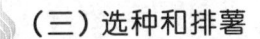

图4 番薯育苗

（三）选种和排薯

1. 种薯精选与处理

"好种出好苗"，种薯的标准是具有本品种的皮色、肉色、形状等特征，无病、无伤，没有遭受冷害和湿害。凡薯块发软、薯皮凹陷、有病斑、不鲜艳、断面无汁液或有黑筋或发糠（茎线虫病）的均不能做种。薯块大小要均匀，块重以150～250克为宜。排薯前为防止薯块带菌，应进行消毒处理，可用51～54摄氏度温水浸种10分钟，或用70%甲基托布津（或50%多菌灵）500倍液浸种5～10分钟。

2. 排种时间和密度

采用大棚加温或用火炕温床育苗，应在当地薯扦插适期前30～35天排种（如图5所示）。采用大棚加地膜或冷床双膜育苗于栽前40～45天排种。排种时要注意分清头尾，切忌倒排，大小分开，平放稀排，保持种薯上齐下不齐（以利覆土厚薄均匀）。一般种薯间留空隙1～2

厘米,排种密度不能过大。

图 5 番薯排种

(四)苗床管理

苗床管理的基本原则是以催为主,以炼为辅,先催后炼,催炼结合。

1. 保持不同时期的适宜温度

(1)前期高温催芽(1～10 天)。种薯排放前,加温预热苗床至 30 摄氏度左右,排薯后使床温上升到 35 摄氏度,保持 3～4 天,然后降到 32～35 摄氏度范围内。

(2)中期平温长苗。待齐苗后,注意逐渐通风降温,床温降至 25～28 摄氏度。前阶段棚温的温度不低于 30 摄氏度,一周以后逐渐降低到 25 摄氏度左右。

(3)后期低温炼苗。当苗高 20 厘米左右时,在剪苗前 5～7 天,逐渐揭膜炼苗,使苗床温度接近大气温度,以利扦插成活。

(4)正确测量温度。市售温度计有的误差较大,应校正后再用。测温点应分别设在苗床中间、两边和两端。火炕的高温点是进火口和回烟口,找出全床的高温点和低温点,便于安全管理。温度计插在苗床上不宜过深或过浅,以温度计下端与种薯底面相平为宜。盖薄膜的苗床,要注意测量膜内苗茎尖层的温度,以防止温度过高烧伤薯苗。若早春遇到低温寒流应及时加盖草帘保温,当棚内温度超过35摄氏度,则应及时通风散热。

2. 浇水

排种后盖土以前要浇透水,浇水量约为薯重的1.5倍。剪过一茬苗后立即浇水。做到高温期水不缺,低温炼苗期水不多。酿热温床浇水量要少量多次。

3. 通风、晾晒

通风、晾晒是培育壮苗的重要条件。在幼苗全部出齐,开始展新叶后,选择在晴暖天气的10:00～15:00,适当打开薄膜通风降温。剪苗前3～4天,采取白天晾晒、晚上盖的管理措施,以达到通风、透光、炼苗的目的。

4. 施肥

种薯萌发后,要及时浇施10%的腐熟人粪尿;苗长至10～13厘米时,用浓度为5%的复合肥液或10%～15%的腐熟人粪尿,进行第2次浇施;苗长至20厘米以上,有5～7张大叶时,可以剪苗扦插。每剪1次苗,浇水追肥1次。应在苗叶上没有露水的时候追施尿素,一般每平方米追施尿素不超过0.025千克。追肥后立即浇水,以便迅速发挥肥效。

5. 剪苗

薯苗长至25厘米高,有5～7张大叶,茎节数量5个以上时,应及时剪苗(如图6所示),否则薯苗拥挤,导致下面的小苗难以正常生长,从而减少下一茬出苗数。采苗宜用高位剪苗的方法,可减少病害的感染与传播,还能促进剪苗后的基部生出再生芽,增加苗量。剪苗时要选择壮苗。壮苗标准是叶色青绿,舒展叶7～8片,叶大、肥厚,顶部三叶齐平;茎节粗短,根原基大,茎韧不易折断(折断有较多的白浆流出),苗

图 6　剪苗

高 25 厘米左右；苗龄 30～35 天，茎粗约 5 毫米；苗茎上没有气生根，没有病斑；苗株挺拔结实乳汁多；春薯苗百苗鲜重 500 克以上，夏薯苗百苗鲜重 1 500 克以上；薯苗不带病虫害。春季剪苗时，桩基至少留一片叶，以利下茬苗快发。

四、小番薯大田生产栽培技术

（一）地块选择

宜选择土层深厚、土质疏松、有机质丰富、排水性能良好的沙壤土与沙性土为好，紫色土或黄泥沙土的阳坡地为首选。土质黏重、地势低洼、阴冷潮湿、易积水的地块不宜选用。

（二）扦　插

1. 整地与起垄

要求在晴天进行深耕整地。采用宽垄双行栽培或窄垄单行栽培。宽垄双行栽培要求垄距110～120厘米，窄垄单行栽培要求垄距80～100厘米，垄高35～40厘米，然后做直、做平垄面（如图7、图8所示）。

图7　人工起垄

图8　机械起垄

2. 时间与密度

一般春茬地膜覆盖栽培在 3 月下旬到 4 月上旬开始扦插,采用宽垄双行种植或窄垄单行种植,株距 25~30 厘米,每亩扦插 4 000~5 000 株。夏茬应视春茬采收情况而定,一般在 6 月下旬至 8 月中旬开始扦插,无霜期长的地区也可推迟到 8 月下旬。

3. 扦插方法

采用垄栽(如图 9 所示),将 3~4 个节位水平插或斜插入土,两叶一心露出地面,其余叶片埋入土中,以利薯苗成活和结薯分散、均匀,提高商品率和产量。扦插成活后立即进行查苗、补苗。

图 9 扦插

(三)田间管理

1. 中耕除草

第一次中耕除草在薯苗开始延藤时进行(如图 10 所示),以后每隔 10~15 天进行 1 次,共 2~3 次。在生长中后期选晴天,露水干后进行提蔓,其次数和间隔时间,以防止藤蔓节上不定根发生为准。

图 10　中耕除草

2. 肥水管理

总体要求以"多施有机肥,增施钾肥,少施化肥"为原则。一般基肥为每亩施腐熟有机肥 200～1 000 千克,硫酸钾型复合肥 30～40 千克,在做垄时条施于垄心。追肥时间和用量要根据土壤、基肥用量及茎叶长势而定。在扦插 30 天后每亩施用硫酸钾 10～15 千克。

小番薯对水分要求不高,但缺水会对薯块增重造成障碍,应及时浇水抗旱,保证薯块发育对水分的需要,但收获前半个月要停止浇水。如遇降雨较多,应注意疏通排水沟渠,防止田间渍水造成烂薯。

3. 病虫害防治

在小番薯扦插前,要加强地下害虫防治。在地下害虫较多的田块,扦插前用 50% 辛硫磷乳油 1 000 倍液喷施或用 3%～5% 辛硫磷颗粒剂 2～3 千克,拌细土 15～20 千克,于起垄时撒入垄心或栽种时施入窝中。并根据虫害发生情况用 1% 阿维菌素乳油 2 000 倍液防治地上害虫 1 次。一般提倡水旱轮作以防止薯块出现虫斑,从而影响产品的商品性。

在小番薯整个生育过程中,还须加强田间管理,如利用中耕除草、开沟排水、抗旱灌水、合理密植、提蔓等措施来控制病虫的发生和蔓延,不施或尽量少施化学药剂。

(四)采 收

收获时间要根据当地气候、品种特点以及市场需求确定(如图11所示)。小番薯一般在扦插后100天左右即可收获,第二季小番薯最迟收获期在降霜之前。禁止在雨天收获,以免影响薯块的品质和安全储藏。在夏天高温季节,薯块挖出后应马上收回,不能直接暴晒。为防止薯皮破损和薯块碰伤,收获过程中要轻挖、轻装、轻运、轻卸,分级包装后储藏、运销。

图11 采收

五、小番薯脱毒种苗及繁育技术

(一) 小番薯脱毒种苗

这里的"毒"指引发番薯病毒病、细菌性病害、真菌性病害的植物"病毒(菌)","脱毒"指"除去番薯体内病毒(菌)"。小番薯脱毒种苗是指在无菌条件下,将小番薯苗茎尖长0.1~0.3毫米不带或很少带病毒的分生组织在合适的培养基上经过离体培养诱导产生的再生苗。茎尖苗经病毒检测确认不带有某种(些)病毒(菌)后在空间隔离条件下进行扩繁,最后将这些无病毒薯块或薯苗供给薯农种植(如图12所示)。小番薯脱毒技术是种苗生产领域的一次重大技术革命,是组培技术、生物技术、病毒检测技术和良种快繁技术的有机结合。

图12 脱毒种苗

番薯病毒(菌)广泛存在于世界各个产区。2016年临安区小番薯因种薯带毒(菌)导致发病率达30%以上,并有进一步蔓延趋势。小番薯感病后正常的生理功能受到影响,植株生长势衰退,叶片出现黄化、花叶、明脉、皱缩甚至腐烂等症状,导致小番薯结薯少、薯块小,减产20%~40%,严重时丧失结薯能力。

番薯病害是导致种性退化、产量降低和品质变劣的重要原因。小番薯在整个生育期均可受到病毒的侵染,加之小番薯是无性繁殖作物,一旦感染病毒（菌），病毒（菌）就会在体内不断增殖、积累，代代相传，加重病害。脱毒技术是目前预防番薯病害的最好方法，可以通过培育、推广脱毒薯种苗来预防病害，提高小番薯产量和品质。

（二）小番薯脱毒种苗优势

（1）增产效果明显。与相同品种的普通种苗相比，脱毒种苗的增产幅度可达20%以上，病毒（菌）感染越严重，脱毒后增产幅度越大。

（2）生长势增强。小番薯经过脱毒以后，地上部分长势明显增强。田间春栽或夏栽时，脱毒后的小番薯均表现出还苗快、茎节粗短、叶片肥厚、生长旺盛、叶面积系数和茎分枝数增加等优势。

（3）品质提高。脱毒番薯的品质性状优于普通番薯，其薯皮光滑，色泽鲜亮，薯块整齐，干物率和淀粉率均有所提高。育苗时比普通番薯提早2～3天出苗，产苗量增加15%～35%，苗粗壮、质量好，产薯量增加20%以上。

（4）减少多种病害发生。脱毒番薯不仅脱去了病毒，通过茎尖培养还去除了多种真菌、细菌、线虫（茎腐病、黑斑病和茎线虫病）等病原菌，使病害发生的概率大大减小。

（三）脱毒种苗繁育技术

1. 选地

床址选择在背风向阳、地势较高、排水良好和管理方便的地方，搭建育苗大棚。

2. 整畦

经深翻耕，把畦的规格定为：苗床宽120～130厘米，苗床高40厘米左右，苗床长视地形及需要而定。采用酿热温床覆盖薄膜育苗。酿热物要晒干切碎，将秸秆切成6～10厘米小段，与畜粪配合使用，两者分层填放，先畜粪后秸秆，厚度为25～30厘米，再在其上铺4～5厘米厚的细土,并覆盖薄膜增温。待床温升至33～35摄氏度,即可排放种薯。

3. 保温

番薯休眠及出苗期间重点是防冻,可采用大棚套小棚加地膜或草苫的方式进行保温,并根据番薯出苗期间对温度的要求,结合天气状况,通过揭、盖地膜的方式调控苗床温度。

4. 排种

(1)用种量。用种量与育苗方法、栽植密度及品种萌芽特性有关,一般每棚用种薯2 500千克。

(2)排种时间。排种时间根据育苗方法和栽插时期而定。可适当提前排种,一般在1月中下旬到3月上旬之间均可。

(3)排种密度。排种密度与培育壮苗有关。横排式的排种密度以前后头尾略为分开为度。排种时,薯块头部及阳面朝上,尾部及阴面朝下。大薯发芽慢,宜排在苗床中部,排放深些;小薯发芽快,放于四周,排放浅些,做到上齐下不齐,使盖土深浅一致,保证出苗整齐。排种后先用细土填满薯块间隙,再用营养土或细土盖没种薯。

5. 苗床管理

(1)排种至齐苗阶段。以催为主,床温保持在30～35摄氏度,高温下催芽萌发快。在床温不高时,晴天应揭去膜上的草苫等覆盖物,使阳光直射提高床温,晚间再盖好覆盖物保温。保持床土相对湿度在80%左右,若干燥可在晴天中午适当浇水。还要注意苗床的通气性。

(2)齐苗至剪苗前阶段。在幼苗生长阶段,苗床管理仍以催为主,催中有炼,催苗生长以培育壮苗。床温保持在24～28摄氏度,使薯苗稳健生长。随着薯苗生长,耗水渐增,苗床浇水量应适当加多,保持床土相对湿度为70%～80%。

(3)炼苗与剪苗阶段。苗高25厘米左右且具有6～7个节时,应转为炼苗,停止浇水,揭开薄膜等覆盖物,使薯苗充分见光,经3天锻炼后即可剪苗扦插。剪苗后,苗床管理转为催苗为主,促使小苗快长,此时应再升高床温和适当增加浇水量,但剪苗后当天不浇水,以利创口愈合和防止病菌侵染。第 2 天浇 1 次大水,并追施速效性氮肥或稀薄人粪尿。当苗高达到剪苗要求时,再降温炼苗。

(4)浸苗。剪好的薯苗需要及时浸苗处理,以预防病菌从伤口侵入。将剪下来的薯苗放入配制好的专用消毒药水中浸泡 10 分钟,晾干后扦插。

六、小番薯双季栽培技术

小番薯双季栽培是临安薯农普遍采用的技术,双季栽培技术是指一年在同一块地种两季番薯。双季栽培技术既提前了小番薯的上市时间,又提高了土地利用率和小番薯产出率,增加了薯农种植效益。现将小番薯双季栽培技术介绍如下。

(一)推广情况

浙江省杭州、衢州等市积极推广山地小番薯(以"心香"品种为主)双季栽培模式,实现了小番薯大市场、高效益和产业化。2015年,临安区小番薯复种面积达10平方千米,年产量950万千克,产品不仅畅销杭州、嘉兴、湖州、宁波等省内城市,还远销上海、南京、北京、广州等地。此外,双季栽培模式还带动湖南长沙县金井镇小番薯种植,并实现规模化种植,常年种植面积在6平方千米左右。

(二)茬口安排

第一季在1~3月下旬开始育苗,4月初扦插,6月下旬可上市。第二季在6~8月均可扦插,9~10月上市。双季栽培技术亦可在第一季番薯采收前,在畦边套种薯苗,待第一季番薯采收时,把挖掘的泥土覆在薯苗旁即可成畦,为第二季番薯。

小番薯生产在我国南方200~500米低海拔区域多采用双季栽培,500米以上高海拔区域多采用单季越夏栽培。主要生产茬口见下表。其中,200~500米海拔区域早春茬一般在元旦前后至2月下旬,采用大棚加小拱棚加地膜三层保温育苗,3月下旬或4月上旬大田覆盖地膜扦插,6月下旬至7月上旬采挖上市;越夏茬在5月中旬至8月中旬均可扦插,8月至11月上旬采收。500米以上高海拔区域单季越夏茬一般在3月至4月播种育苗,5月下旬至6月上旬扦插,8月下旬至10月下旬采收。

我国南方部分省份山地迷你小番薯主要生产茬口表

茬口类型	区域及海拔高度	育苗期	扦插期	采收期	栽培方式
春茬	东南(浙江、福建)200米左右	1月上旬至2月下旬	3月下旬至4月上旬	6月下旬至7月上旬	保护地栽培
越夏茬	东南(浙江、福建)200~500米	3月上旬	5月中旬至8月中旬	8月至11月上旬	露地栽培
	东南(浙江、福建)500米以上	3月至4月	5月下旬至6月下旬	8月下旬至10月下旬	露地栽培
越冬茬	华南(广西、海南)200米左右	7月至8月	10月至12月	4月至6月	露地栽培

七、小番薯病虫害识别与防治技术

（一）主要病害

我国番薯病害的种类很多，不少于30种。其中发生范围比较广、危害比较严重的有番薯真菌性病害（番薯黑斑病、番薯紫纹羽病、番薯根腐病、番薯软腐病、番薯枯萎病、番薯疮痂病等）、番薯细菌性病害（番薯瘟病等）、番薯线虫病害（番薯茎线虫病、番薯根结线虫病）、番薯病毒病等。北方薯区主要病害有番薯茎线虫病、番薯病毒病、番薯根腐病、番薯黑斑病；长江中下游薯区主要病害有番薯黑斑病、番薯瘟病、番薯根腐病、番薯病毒病、番薯茎线虫病等；南方薯区主要病害有番薯瘟病、番薯病毒病、番薯枯萎病、番薯疮痂病等。

1. 番薯黑斑病

番薯黑斑病又称黑疤病、黑疔、黑膏药等。这种病在我国各番薯产区均有发生，是番薯最主要的病害，属国内检疫对象之一，对番薯生产造成很大损失。番薯黑斑病是由番薯长喙壳菌引起的，病薯、病苗是主要传播根源，病菌多从伤口、根眼、皮孔等自然孔口侵入。局部危害严重，这种病菌能刺激番薯产生对人畜有毒的物质，食后引起人畜中毒。

危害症状　番薯黑斑病主要危害薯苗和薯块。此病在育苗期、大田生长期和收获储藏期均能发生，引起死苗、烂床、烂窖。薯苗受害，幼茎地下部分或茎基部产生梭形或长圆形稍凹陷的黑斑，向地上蔓延扩大使幼苗茎基部全部变黑，最后病株地下部腐烂，苗易枯死，造成缺苗断垄。薯块受害，病部呈圆形或近圆形凹陷膏药状病斑，坚实且轮廓清晰,中部生灰色霉层或黑色毛状物,严重时病斑融合成不规则形。病菌深入薯肉下层,使薯肉变成黑绿色,味苦。病部木质化、坚硬、干腐,不能食用。

防治方法 (1)农业防治。严格检疫,严禁从病区调运种薯、种苗;坚持与水稻、玉米、小麦、豆类等作物轮作,避免连作或与番茄、辣椒、马铃薯等作物连作;建立无病留种田,精选无病块根做种薯;增施有机肥料与钾肥;采用高剪苗进行大田种植;加强田间管理,及时喷洒农作物抗病增产剂,例如"天达2116",提高植株自身的抗病性能。

(2)化学防治。药剂浸种,用50%多菌灵可湿性粉剂500倍液或85%甲基托布津可湿性粉剂800倍液,加3 000倍有机硅药液浸种薯3~5分钟,每千克药液浸种薯10 000千克,晾干后入窖;药剂浸苗,用85%甲基托布津800倍液(或50%多菌灵250~300倍液)加3 000倍有机硅药液,浸蘸苗基部深6~10厘米,或用96%天达恶霉灵3 000倍液加3 000倍有机硅药液浸苗、灌根、处理土壤和苗床,防治番薯黑斑病效果显著。番薯高温愈合处理也是防治黑斑病最有效的方法。

2. 番薯紫纹羽病

番薯紫纹羽病又称红筋网、留皮等,是目前番薯生产中危害较大的主要病害之一,主要分布在浙江、福建、江苏、山东、河北、河南等省。此病是由番薯紫卷担子菌引起,除危害番薯之外,还侵染马铃薯、棉花、花生、大豆、苹果、梨、桃等。在低洼潮湿地块、多雨季节发病较重。连作地、沙地、漏水地发病重。

危害症状 番薯紫纹羽病主要发生在田期,危害块根或其他地下部位。病株表现萎黄,块根、茎基的外表生有病菌的菌丝,白色或紫褐色,似蛛网状,病症明显。块根由下向上,从外向内腐烂,后仅残留外壳,须根染病的皮层易脱落。

防治方法 (1)农业防治。选择轮作,与非本科作物实行4~6年轮作;选用优质抗病、抗虫、无伤疤、无菌的种薯;选用地势高燥、排水方抗病品种,品种间抗性差异显著,可因地制宜选用,如:"鲁薯3号""鲁薯7号""济薯10号""济薯11号""北京553"等抗病品种;选择与烟草、水稻、棉花、高粱等作物轮作,避免番薯茎线虫病的发生;加强田间管理,控制病源。在育苗、栽植、收获、储藏各环节,严格检查彻底清除病残体,并进行深埋或烧毁。

(2)化学防治。每亩用5%茎线灵颗粒剂1~1.5千克,撒在薯苗茎基部,然后覆土浇水。药剂浸秧,可用75%辛硫磷乳油200倍液,浸薯苗下半段10分钟。

5. 番薯软腐病

番薯软腐病又称水烂、软烂、脓烂、薯耗子,是育苗期和储藏期主要病害之一。这种病害是由黑根霉菌引起的,分布广泛,在我国各番薯生产区均有发生,能为害多种作物。

危害症状 薯块有伤口或受冻易发病。薯块染病,初在薯块表面长出灰白色霉,后变暗色或黑色,病组织变为淡褐色水浸状,以后在病部表面长出大量灰黑色菌丝及孢子囊,形如多丝状,约2~3天整个块根即呈软腐状,病体破口后会从薯皮破口处流出黄色汁液,发出酸霉味。若表皮未破,水分蒸发,薯块干缩并僵化。

防治方法 (1)农业防治。适时收获,避免冻害,尽量减少薯块破伤;收薯宜选晴天,当天收当天入窖,旧窖要清理干净,或把窖内旧土铲除露出新土,必要时用硫黄熏蒸,每立方米用硫黄15克。

(2)化学防治。种薯入窖前用50%甲基托布津可湿性粉剂500~700倍液,或用50%多菌灵可湿性粉剂500倍液,浸蘸种薯1~2次,晾干入窖。

6. 番薯枯萎病

番薯枯萎病又称萎蔫病、蔓割病、蔓枯病、茎腐病等,在我国各薯区均有发生。它主要是由番薯镰孢菌引起的,除番薯外,还危害马铃薯、棉花、大豆、玉米、烟草等作物,通过土壤带菌、病薯、病苗进行传播。一般田间湿度大、土温高于25摄氏度或连作地、低洼地、沙地或沙壤土易发病。

危害症状 主要危害茎蔓和薯块。苗期染病,主茎基部叶片先变黄变质,茎基部膨大纵向开裂,露出髓部,内部变为黑褐色,裂开处呈纤维状。薯块染病,薯蒂部呈腐烂状,横切内有褪色斑点。病株叶片从下向上发黄脱落,致使整株干枯死。临近收获期病薯表面产生圆形或近圆形稍凹陷浅褐色斑,比黑疤病更浅。储藏期病部四周水分更新丧失,呈干瘪状。

防治方法 (1)农业防治。选用抗病品种,如"南京92""潮汕白""金山247""南薯88号""徐州18"等较抗病。禁止从病区调运种子、种苗。选择轮作,适与禾本科作物或绿肥等进行轮作。加强田间管理预防发病,提倡施用酵素菌沤制的堆肥或腐熟有机肥。

(2)化学防治。温汤浸种。必要时用30%绿叶丹可湿性粉剂800倍液,或50%苯菌灵可湿性粉剂1 500倍液,隔10天左右喷洒或浇灌1次,防治1次或2次。

7. 番薯茎腐病

番薯茎腐病属于我国入境检疫性有害生物,病原为菊欧文氏菌,是欧文氏属中最重要的致病菌之一,能引起多种农作物和观赏性园艺植物腐烂病,寄主范围主要包括番薯、马铃薯、水稻、西红柿、包心菜、茄子、大豆、菊花、矮牵牛花、非洲堇、牵牛花等50多种植物。番薯茎腐病可以在病薯、病蔓、病薯周围的土壤和其他寄主中存活,成为初侵染源。病原菌可通过种薯、薯苗调运作远距离传播。在病区,茎腐病还可通过感病植株、田间灌溉水、工具、工作鞋黏附病土等途径进行传播。

危害症状 番薯茎枝在发病初期,病株生长较为缓慢,在与土壤接触的茎基部有褐色的腐烂病斑,或者茎基部腐烂,扒开土壤可见地下茎已腐烂。此病害最显著的特征是在番薯的茎及叶柄上会产生褐至黑色、水渍状的病斑,最后软化解离,导致枝条末端的部分萎凋。此外,根茎维管束组织有明显的黑色条纹,并有恶臭。在高温、高湿的条件下,茎部腐烂迅速向上扩展,呈黑色,茎、叶组织开始变软、腐烂,整个植株发病倒伏,最后全株枯萎死亡。薯块在田间受到感染时,病薯表面有黑色凹陷病斑,或外部无症状、内部腐烂,受侵染组织呈水浸状。

防治方法 (1)农业防治。加强种薯、薯苗的产地检疫,严格按照《甘薯种苗产地检疫规程》要求,严禁病田种薯留作种用。强化调运检疫,防止通过种薯、薯苗进行传播扩散。对从外地调入的种薯、薯苗,必须附有植物检疫证书,确保不带此类病菌,并对种植区加强病害监测,一旦发现疫情,及时向植物检疫机构报告。对新发生的零星疫点,就地集中清理销毁发病植株,并用生石灰对发病点土壤进行消毒处理。选用地势高、排灌方便、地下水位低、通透性好的地块种植。选用抗性品种,通过引种示范试验,因地制宜推广和换栽抗(耐)番薯茎腐病品种。加强田间管理,培育无病壮秧。少施氮肥,适当增施磷肥、钾肥,补施微量元素,提高植株抗病能力。采取高畦栽培方式,防止田间积水,避免漫灌导致交叉感染。合理轮作倒茬,通过改变耕作方式,与甘薯茎腐病非寄主作物进行轮作,减少病源。

(2)化学防治。播种和扦插前用农用链霉素或噻菌铜浸泡种薯和薯苗杀菌;在发病初期用农用链霉素、噻菌铜等药剂淋根、泼浇或者喷雾。田间发病流行期,每隔5~7天用药1次,连续喷药2~3次,台风暴雨过后需及时补治。发病周边的薯地也应喷药1~2次,严防疫情扩散。

(二)主要虫害

我国番薯害虫的种类很多,除少数专门危害番薯外,大部分是杂食性的,危害多种作物的害虫,有20余种,其中发生普遍而严重的有蛴螬、甘薯小象甲、斜纹夜蛾、甘薯天蛾、甘薯麦蛾、地老虎、蝼蛄、金针虫等。

1. 蛴螬

蛴螬是金龟子的幼虫，属鞘翅目金龟科。其种类有 40 余种，危害番薯的主要有华北大黑鳃金龟、东北大黑鳃金龟、铜绿金龟子、黑皱金龟子、黄褐色金龟子、豆形绒金龟子等。

危害虫态和方式 蛴螬幼虫和成虫均可危害番薯，以幼虫危害时间最长。金龟子危害番薯的地上部幼嫩茎叶，蛴螬则危害地下部的块根和纤维根，造成缺株断垄，薯块形成伤口，病菌易乘虚而入，加重田间和储藏腐烂率。

防治方法 春秋耕地时，在犁后拾净蛴螬。整地时每亩施入 3% 的敌蚂粉 23 千克，或每亩用 0.5 千克甲基异柳磷兑细土 30 千克做土壤处理。金龟子类趋光性较强，并有假死性，可用黑光灯、杨柳等树枝插于田间诱杀。结合防治番薯茎线虫病，栽植时用 3 000 倍甲基异柳磷溶液灌窝。

2. 甘薯小象甲

甘薯小象甲属鞘翅目，蚁象虫科，属国内检疫对象之一。成虫体长 5~8 毫米，体形细长如蚁。

危害虫态和方式 全体除触角末节、前胸和足呈橘红色外，其余均为蓝黑色而有金属光泽。头部延伸成细长的喙，状如象鼻，咀嚼式口器着生于喙的末端。膝状触角 10 节，雄虫触角末节成棍棒状，雌虫则成长卵状。前胸长为宽的 2 倍，在后部 1/3 处缩入如颈状。两鞘翅合起来呈长卵形，显著隆起。鞘翅表面具不明显的小刻点。足细长。卵椭圆形，长约 0.6 毫米，初产时乳白色，后变淡黄色，表面有小刻点。成虫和幼虫均能为害，以幼虫为主。受害薯块有恶臭和苦味，不能食用和饲用，且会因为黑斑病、软腐病等病菌侵染而导致薯块腐烂霉坏，使得番薯质量下降。

防治方法 （1）人工防治。从虫害区调运种薯、种苗和薯蔓时，严格进行检疫，带虫薯苗用溴甲烷熏蒸；清洁田园，处理臭薯坏蔓，防止成虫逃逸；与花生、甘蔗、黄麻、烟草、玉米、高粱、大豆等旱作物进行轮作，水旱轮作更佳；改良土壤；适时中耕培土，防止薯块外露；水旱轮作为最有效的防治途径；连续多年使用性诱剂诱杀雄虫；防土壤龟裂。

（2）化学防治。冬诱：收获时，由于刈蔓和挖薯的震动，大部分成虫掉落田间，此时可利用鲜薯蔓扎或将鲜薯蔓团侵药（300～500倍乐果或其他药液浸3～6小时，捞起晾干）进行诱杀。春季气温15摄氏度时，越冬成虫开始活动觅食，可用小薯块浸乐果300～500倍液进行诱杀；苗地和越冬薯地用乐果、50%杀螟松乳剂1 000倍液，25%亚胺硫磷500倍液喷雾。药液保苗，即扦插时把薯苗浸在40%乐果乳剂或50%杀螟松乳剂500倍液中，取出晾干扦插，在晴天处理效果更好；以白僵菌208（50亿/克）菌粉1.5千克拌细沙制成菌土撒施，但此法效果不稳定。

3. 斜纹夜蛾

斜纹夜蛾属鳞翅目夜蛾科斜纹夜蛾属的一个种，是一种农作物害虫，全身褐色，前翅具许多斑纹，中翅有一条灰白色宽阔的斜纹。

危害虫态和方式 斜纹夜蛾是一类杂食性和暴食性害虫，危害寄主相当广泛，除番薯外，还可危害包括瓜、茄、豆、葱、韭菜、菠菜以及粮食、经济作物等近100科、300多种植物。危害时以幼虫咬食番薯叶片为主，初龄幼虫啃食叶片下表皮及叶肉，仅留上表皮呈透明斑；4龄以后进入暴食期，咬食叶片，仅留主脉，并排泄粪便，造成污染，使番薯产量降低。

防治方法 （1）人工防治。清除杂草，收获后翻耕晒土或灌水，以破坏或恶化其化蛹场所，有助于减少虫源；结合管理随手摘除卵块和群集危害的初孵幼虫，以减少虫源。

（2）生物防治。因为雌蛾在性成熟后会释放出一些称为性信息素的化合物，专一性地吸引同种异性与之交配，而我们则可通过人工合成并在田间缓释化学信息素引诱雄蛾，并用特定物理结构的诱捕器捕杀靶标害虫,从而降低雌雄交配率,减少后代种群数量,达到防治的目的。使用该技术不仅在靶标害虫种群下降和农药使用次数减少的同时,降低农残,延缓害虫对农药抗性的产生,同时还保护了自然环境中的天敌种群,非目标害虫则因天敌密度的提高而得到了控制,从而可间接防治次要害虫的发生,达到农产品质量安全、低碳经济和生态建设的要求。

(3)物理防治。点灯诱蛾。利用成虫趋光性,于盛发期点黑光灯诱杀;糖醋诱杀。利用成虫趋化性配糖醋酒水(糖：醋：酒：水＝3：4：1：2)诱蛾。

(4)化学防治。交替喷施21％灭杀毙乳油6 000～8 000倍液,或50％氰戊菊酯乳油4 000～6 000倍液,或20％氰马或菊马乳油2 000～3 000倍液,或2.5％功夫、2.5％天王星乳油4 000～5 000倍液,或20％灭扫利乳油3 000倍液,或80％敌敌畏,或2.5％灭幼脲、或25％马拉硫磷1 000倍液,或5％卡死克,或5％农梦特2 000～3 000倍液,每隔7～10天1次,喷洒2～3次,喷匀、喷足。

4. 甘薯天蛾

甘薯天蛾为鳞翅目天蛾科虾壳天蛾属的一种昆虫,主要危害扁豆、赤豆、番薯。在华北、华东等地区危害日趋严重。

危害虫态和方式　初孵幼虫潜入未展开的嫩叶内啃害,有的吐丝把薯叶卷成小虫苞匿居其中啃食,受害叶展下表皮,严重者无法展开即枯死,轻者叶皱缩或叶脉基部遗留食痕,也有的食成缺口或孔洞,影响作物生长发育。成虫体长50毫米,翅展90～120毫米;体翅暗灰色;肩板有黑色纵线;腹部背面灰色,两侧各节有白、红、黑3条横线,前翅内横线、中横线及外横线各为2条深棕色的尖锯齿状带,顶角有黑色斜纹;后翅有4条暗褐色横带,缘毛白色及暗褐色相杂。

防治方法　参照"斜纹夜蛾"。

5. 甘薯麦蛾

甘薯麦蛾为鳞翅目麦蛾科。分布于我国华北、华东、华中、华南和西南等地区。

危害虫态和方式 以幼虫吐丝卷叶危害,幼虫啃食叶片、幼芽、嫩茎、嫩梢,或把叶卷起咬成孔洞,发生严重时仅残留叶脉。成虫体长4~8毫米,黑褐色;前翅狭长,黑褐色,中央有2个褐色环纹,翅外缘有1列小黑点;后翅宽,淡灰色,缘毛很长。1年发生3~4代,以蛹在田间残株和落叶中越冬。越冬蛹在6月上旬开始羽化,6月下旬在田间即见幼虫卷叶危害,8月中旬以后田间虫口密度增大,危害加重,10月末老熟幼虫在卷叶或土缝中化蛹越冬。成虫趋光性强,行动活泼,白天潜伏,夜间在嫩叶背面产卵。幼虫行动活跃,有转移危害的习性。7~9月温度偏高,湿度偏低年份常引起大发生。

防治方法 参照"斜纹夜蛾"。

6. 地老虎

地老虎属鳞翅目夜蛾科,幼虫俗称土蚕、地蚕、切根虫。其杂食性强,除危害番薯外,对棉花、玉米、高粱、烟草等都有严重危害。

危害虫态和方式 地老虎一年发生数代,黄淮地区3~4代,广西壮族自治区可达7代。华北地区越冬代成虫发蛾盛期为4月下旬至5月上旬,第1代幼虫严重危害春播作物幼苗,初孵幼虫取食心叶,会造成缺苗断垄,甚至毁种。成虫昼伏夜出,有趋光性、迁飞习性、趋化性。3龄后晚上咬断嫩茎,若是其他作物的幼小苗,可拉进洞里食用。黄淮地区第1代幼虫为害盛期在5月。土壤湿度大,危害发生严重,低洼地、沿河灌区、田间荫蔽、杂草丛生的地块发病重。

防治方法 (1)人工防治。采用轮作的方式,与非禾本科作物实行4~6年轮作;选用抗病、优质、无伤、无菌的种薯播种,利用无菌营养土育苗;除草灭虫,于4月中旬产卵期除净杂草,减少产卵场所和幼虫食料来源;选用地势高燥、排水方便的地块,起垄栽培,降低田间湿度。泡桐叶诱杀,人工捕捉。一次放叶效果可保持4~5天。也可于清晨在被害植株附近土中捕捉。

（2）化学防治。栽种时结合防治甘草茎线虫病用40%甲基异柳磷200倍液浸苗基部10分钟，或用3000倍液灌窝，或每亩用涕灭威颗粒剂穴施，可兼治线虫病和地老虎、蛴螬等；在二龄期用50%辛硫磷0.3千克兑水2千克，拌干细土20千克，均匀撒于薯苗周围，也可用毒草诱杀。

7. 蝼蛄

蝼蛄属直翅目蝼蛄科昆虫，俗称拉拉蛄、土狗子等，不完全变态。

危害虫态和方式 蝼蛄的触角短于体长，前足宽阔粗壮，适于挖掘，属开掘式足前，足胫节末端形同掌状，具4齿。跗节3节。前足胫节基部内侧有裂缝状的听器，中足无变化，为一般的步行式，后足脚节不发达。覆翅短小，后翅膜质，扇形，广而柔，尾须长。雌虫产卵器不外露，在土中挖穴产卵，卵数可达200~400粒，产卵后雌虫有保护卵的习性。刚孵出的若虫，由母虫抚育，至1龄后始离母虫远去。成虫、若虫均通过咬食番薯薯块、根部、茎蔓产生危害，使番薯腐烂，降低品质，严重时不能食用和加工，危害较大。

防治方法 （1）人工防治。种植番薯前，翻耕能将大量蝼蛄暴露于地表，使其被风干或被天敌啄食。在春季和夏季地下害虫大发生期，应加大灌水次数和灌水量，迫使蝼蛄下潜，以减轻危害。也可利用灌水杀死部分幼虫，或迫使其外出而被捕杀。蝼蛄喜欢在秸秆和牲畜粪堆沤的肥料中产卵，所以一定要施用经过高温腐熟的有机肥，从而切断蝼蛄的传播途径。

（2）物理防治。诱集蝼蛄的常用方法主要有黑光灯诱杀。利用蝼蛄很强的趋光性，于成虫盛发期放置黑光灯进行诱杀。可在5~6月份进行。每2×10^4~3×10^4平方米的草圃堆一个高1米左右的草堆，草堆上放置水盆，水盆内盛半盆水并加入少许煤油，在水盆上方离水面20厘米处挂一盏20瓦的黑光灯，每晚可捕杀蝼蛄5~20头，天气闷热、无月光、无风的夜晚诱杀效果更好。

(3)生物防治。昆虫病原线虫:地下害虫的传统生物防治因子有昆虫病原线虫、细菌、真菌、天敌昆虫等。昆虫天敌:寄生蝇。

(4)化学防治。①土壤处理。整地前用5%的辛硫磷颗粒均匀撒施地面,随即翻耙使药剂均匀分散于耕作层,既能触杀地下害虫,又能兼治其他潜伏在土中的害虫。②毒土法。每平方米用30克20%的涕灭威颗粒剂,拌入100倍的细土中,或每平方米用5%的辛硫磷颗粒剂2~5克/,拌细土100倍,搅拌均匀,于扦插时撒于垄心,具有杀灭蝼蛄和保护种薯、薯苗的双重作用。③药剂灌施。可用50%辛硫磷乳油500倍液灌根,每8~10天灌1次,连续灌2~3次。由于灌施用药量大,对土壤污染严重,仅限于在危害特别严重的地块施用。④喷药。对幼虫进行喷雾防治,最好于低龄期进行,药剂应选择高效、低毒、对环境友好的品种,同时避免单一药剂长期使用,以延缓害虫的抗药性。于成虫盛发期,喷洒50%辛硫磷乳油400倍液、25%敌杀死乳油1 000倍液、40.7%乐斯本乳油1 000倍液,对蝼蛄有明显的防治效果。

8. 金针虫

金针虫是鞘翅目叩甲科幼虫的通称,广布于世界各地,危害番薯、小麦、玉米等多种农作物以及林木、中药材和牧草等,多以植物的地下部分为食,是一类极为重要的地下害虫。

危害虫态和方式 沟金针虫末龄幼虫体长20~30毫米,体扁平,黄金色,背部有一条纵沟,尾端分成两叉,各叉内侧有一小齿,沟金针虫成虫体长14~18毫米,深褐色或棕红色,全身密被金黄色细毛,前脚背板向背后呈半球状隆起。细胸金针虫幼虫末龄幼虫体长23毫米左右,圆筒形,尾端尖,淡黄色,背面近前缘两侧各有一个圆形斑纹,并有四条纵褐色纵纹。成虫体长8~9毫米,体细长,暗褐色,全身密被灰黄色短毛,并有光泽,前胸背板略带圆形。

防治方法 综合防治的前提是做出一套行之有效的调查方法。主要采用五点式和对角线取样法,在具有代表性的地块进行金针虫密度调查。以1平方千米为例,在1平方千米范围内取均匀分布的样点75个,每个样点的面积为1平方米,当金针虫密度达到每平方米1.5头以上时,本样地为高危地区,需要开展金针虫防治工作。关于金针虫的综合防治,国内主要从人工防治、生物防治、物理防治和化学防治4个方面进行研究。

（1）人工防治。人工防治的主要方法为合理施肥、精耕细作、翻土、合理间作或套种、轮作倒茬。耕作方式应适宜,不能使用未处理的生粪肥,适时灌溉对地下害虫的活动可起到暂时抑制的作用。

（2）生物防治。①植物源农药。利用一些植物的杀虫活性物质防治地下害虫。可用油桐叶、蓖麻叶和牧荆叶的水浸液,以乌药、芫花、马醉木、苦皮藤、臭椿等的茎、根磨成的粉防治地下害虫效果较好。②昆虫病原微生物。昆虫病原微生物具有寄主广泛、毒性高、致死速度快、使用安全等特点,对一些化学药剂难以防治的钻蛀、隐蔽性害虫及土壤害虫具有特殊的防效,应用前景极为广泛。寄生金针虫的真菌种类主要有白僵菌和绿僵菌。③捕食性天敌。由于金针虫在地下活动,因此捕食性天敌在控制金针虫为害上很难发挥大的作用,尚未有利用捕食性天敌成功控制金针虫的案例报道。④性信息素诱杀。金针虫成虫已经出土,可利用性信息素诱集,这是金针虫种群动态监测和防治的重要手段。

（3）物理防治。物理防治方法对作物的伤害较小,并且容易实施,成本较低,但效果可能稍差些。最常用的方法为人工捕杀、翻土晾晒、利用成虫的趋光性进行灯光诱杀。金针虫对新枯萎的杂草有极强的趋性,可采用堆草诱杀。另外,羊粪对金针虫具有趋避作用。

（4）化学防治。化学防治是当前控制害虫最为有效和快捷的方法之一,当前国内外控制金针虫的主要途径仍依赖化学防治。金针虫在土壤中活动深度变化较大,药剂施入土中很难发挥理想的杀虫作用,并易造成环境污染,危及食品安全,因而药剂的筛选及施药方法是化学防治的关键。目前,化学农药常通过土壤处理、药剂拌种、根部灌药、撒施毒土、地面施药、植株喷粉、毒土(饵)、涂抹茎干等来防治地下害虫。一些药剂实验中,辛硫磷、甲基异柳磷最为常用,效果也较明显,还有二嗪农、速灭杀丁、艾氏剂、乐斯本、硫双威、毒死蜱、氟氯菊酯等。通过防治试验和对金针虫为害的系统观察,明确金针虫的发生时期,选择合适的关键时期进行防治,效果最好。

(三)病虫害综合防治技术

病虫害是番薯减产和商品品质降低的一个主要因素。种植番薯时要对本地重点发生的病虫害采取"预防为主,综合防治"的植保方针,坚持"以农业防治、物理防治、生物防治为主,化学防治为辅"的无公害化原则。番薯病虫害综合防治措施如下:

(1)人工防治。健薯健苗,轮作倒茬。针对主要病虫控制对象,因地制宜选用抗(耐)病优良品种,建立无病留种地,用健苗栽植,结合冬耕拾虫冻垡。实行轮作倒茬,应种在3年内未种过番薯的生茬地上。净肥净水,及时处理病薯病株清洁田园。严格做好检疫工作,一经发现病薯、病苗立即加以处理,禁止栽植。

(2)物理防治。采取适时收获,防止薯块受冻、破伤,保持储藏窖温11~14摄氏度,不低于10摄氏度,以及大屋窖高温处理(36~38摄氏度)等措施防治番薯软腐病。

(3)生物防治。利用苏云金杆菌可湿性粉剂,即Bt生物制剂防治鳞翅目幼虫,如甘薯天蛾、斜纹夜蛾、甘薯潜叶蛾、甘薯麦蛾等。利用苦参碱乳油防治蚜虫以及金针虫、地老虎、蛴螬等地下害虫。利用白僵菌粉防治蛴螬等。用1.8%的阿维菌素乳油3 000~5 000倍液灌根(400~500毫米/株)防治番薯茎线虫病,效果与神农丹农药防治效果相同。用阿维菌素再加扫螨净,防治红蜘蛛效果好。

(4)化学防治。施用农药时要严格按照《农药合理使用准则》(GB/T8321)的规定。要对症下药、适期用药,不同药剂轮换交替使用,合理混配药剂,并保证农药施用的安全间隔期。

严禁施用高毒、剧毒、高残留农药及其混配农药。禁用农药品种有：甲胺磷、对硫磷、甲基对硫磷、久效磷、内吸磷、涕灭威、硫环磷、六六六、滴滴涕、毒杀芬、除草醚、汞制剂、狄氏剂、艾氏剂、砷制剂、铅制剂、氰化物类、硫化物类、磷化物类、毒鼠强、薯瘟锡等。

八、小番薯的收获与储藏

（一）番薯丰产丰收适时收获的方法

番薯是无性繁殖营养体，没有明显的成熟标准和收获期，但收获的早晚，对番薯的产量、留种、储藏、加工利用和轮作换茬都有影响。收获过早，会显著降低番薯的产量；收获过晚，番薯常受低温冷害的影响，不耐储藏，干物率下降。因此，番薯必须适时收获。根据气候确定地温在18摄氏度左右，薯块增重很少；在15摄氏度左右，块根停止膨大；9摄氏度以下易发生冷害。因此，一般在地温18摄氏度时开始收挖，至气温在10～12摄氏度时，即枯霜前收获完毕。根据季节确定应在寒露前开始，到霜降前收挖结束。在这个收挖适期范围内，分清"五先五后"：先收春番薯，后夏番薯；先收倒茬种小麦的地块，后收不种小麦的地块；先收留种用的番薯，后收鲜食用番薯；先收切晒薯干的，后收储藏的；先收耐寒性弱的品种，后收耐寒性强的品种。

（二）人工收获番薯应注意的问题

番薯含水量高，组织幼嫩，皮薄易破损，易受冷害和感染病害而发生腐烂。防止腐烂要注意采收方式与番薯储藏间的管理。番薯收获时应注意适时采收，以当地气温降至14～15摄氏度时进行收获为宜，在晴天收挖。一般先割藤蔓，再挖薯。若土壤潮湿，可在割蔓后晒1～2天再收。操作时，宜在晴天上午收挖，收挖后在田间晒一晒，再进行选薯，去掉病、残及有水渍的薯块，并按不同用途和品种分别储藏。最好当天下午就收入储藏室,不要在地里过夜,以免遭受冷害。从收挖到储藏过程中,要留意精收细运,尽量避免挖伤、擦伤、撞伤,减少薯块破伤,以防病菌侵染;尽量减少翻倒次数,注意轻拿、轻放、轻装、轻运,以免碰伤薯皮。

(三)建造简易的地上番薯储藏库

很多地区仍然利用小型地下储藏室储藏番薯。地下储藏室的缺点是湿度大、无法进行温度调节、管理困难等。计划进行大规模种植的农户要考虑建造地上库。地上库的特点是便于日常管理,容易进行温度调节,可较好地保证薯块质量。可利用旧房子进行保温处理,具体做法是:在房子内部增加一层单砖墙,新墙与旧墙的间距保持10厘米,中间填充稻壳或泡沫板等阻热物,上部同样加保温层,与门相对处留一小窗便于通风,最好用排气扇进行强制通风。门处要增加缓冲间。地上要用木棒等材料架高15厘米以免番薯直接触地。

(四)番薯储藏期间的生理活动

番薯块根因体积大,含水量高(65%～75%),组织幼嫩,皮薄易损,储藏期间会发生以下生理活动。

(1)呼吸作用的变化。番薯在储藏期间仍然进行呼吸和各种代谢活动,呼吸作用可使淀粉转化为糖,同时消耗糖分,吸收氧气,呼出二氧化碳,释放出热量,这种热量是保持储藏室温度的主要热源。在储藏初期气温高,装窖过满,呼吸强度较大,会造成薯块无氧呼吸,产生酒精,酒精积累多了会引起中毒及薯块腐烂。

(2)水分的变化。薯块在储藏过程中,窖内相对湿度以保持在85%～90%为宜,从而减少番薯失重,提高商品番薯的保鲜度。

(3)淀粉和糖分的变化。刚收获的番薯淀粉含量最高,淀粉率也最高。番薯在较高温度条件下,由于呼吸作用加强,作为呼吸基质的糖类物质消耗增多。薯块经半年储藏,淀粉含量下降10%～50%,而糖分比原来有所提高。因此在冬季存放越久的番薯,食味越甜。

(4)果胶质的变化。番薯细胞有一定数量的果胶质,它起着巩固细胞壁、提高薯块硬度、抵御外界不良环境的作用。番薯受冻后,薯块中心部位的原果胶质比正常红薯含量高出1倍,由于原果胶质不溶于水,蒸煮时出现"硬心"煮不烂的现象。番薯在受到软腐病病菌侵染后,薯块中的一部分果胶质被病菌分泌的果胶酶分解,使果胶质变成可溶状态,会出现软腐状。

(5)营养物质的变化。营养物质会随着储藏期的延长逐渐减少。如维生素C,在刚收获时含量最高,储藏30天后损失10%左右,储藏60天后损失30%左右。

(6)愈伤组织的形成。番薯表皮非常脆弱,在收装运过程中极易遭受擦伤,导致病菌侵入,但经过一段时间后伤口表面的数层细胞会逐渐形成愈伤组织,可以起到保护作用。薯块放入储藏室后,其愈伤组织在16～17摄氏度温度下,经30天才能形成。可是不少番薯是在薯块愈伤组织尚未形成之前被病菌侵入,从而开始腐烂。最好用高温灭菌处理,在短时间内使薯块形成愈伤组织。

(五)加强番薯储藏期间的管理

番薯储藏期间的管理技术:

(1)番薯储藏前期管理技术。番薯储藏前期是指从番薯进入储藏室到封闭储藏室。此期间番薯呼吸旺盛,温度高,湿度大,管理上以通风、降温、散湿为主,防止番薯块糠心、发芽和病害侵染蔓延。番薯进入储藏室后温度保持在20摄氏度左右,可以促进番薯块伤口愈合,7天以后通风、降温、散湿,使室内温度降至15摄氏度,空气相对湿度保持在85%～90%。

(2)番薯储藏中期管理技术。番薯储藏中期是指从封闭储藏室到来年气温开始回升。此期时间最长,而且正处在最寒冷的季节,番薯易遭受冷害。管理上要以保温防寒为主,将室温保持在12～14摄氏度,不能低于10摄氏度。保温措施为在番薯堆表面铺盖30厘米左右厚的干草,或加盖草苫、毛毡等。

(3)番薯储藏后期管理技术。番薯储藏后期是指气温回升到番薯移出储藏室。此期间的番薯经长期储藏,抵抗能力下降,管理不当容易使番薯遭受冷害、病害浸染造成腐烂。这一时期管理以稳定室温为宜,将室温维持在11～13摄氏度,适当通风、散热、散湿,既要做好防寒保温工作,也要防止室内温度过高引起番薯腐烂或发芽。

(六)鲜番薯储藏期间烂薯的原因及防治

1. 鲜番薯烂薯原因

番薯在储藏期间发生烂薯是由多种因素引起的,除在收挖、运输、搬动过程中受到机械损伤,使薯块带伤入室引起的烂薯外,主要原因可归结为"五害一缺",即冷害、冻害、湿害、干害、病害和缺氧。

(1)冷害。冷害是指薯块长期置于9摄氏度以下,新陈代谢活动受到抑制。一般是由于收获晚,或收获后不及时运回储藏,放在地里过夜而受害。另一个原因是储藏室保温或保管不善而受冷害,根据试验一般造成冷害的温度和时间是室温8～9摄氏度为10天,室温5～6摄氏度为6天,2～3摄氏度为3天。

(2)冻害。冻害是指温度降到-1.3～2摄氏度时,薯块内部细胞间隙结冰,使组织破坏而发生。

(3)湿害。以井作为储藏地湿害发生较多。储藏初期,外界气温高,薯块呼吸旺盛,薯堆内水汽上升,在薯堆表面冷时凝结成水珠,薯块受湿害而腐烂。

(4)干害。干害是由于储藏室内湿度低,薯块细胞原生质失水,造成生理萎缩,引起酶的活性失常,产生薯块糠心或溃烂。

(5) 病害。番薯在储藏期造成的病害主要有黑斑病、软腐病、干腐病和线虫病四种。病害的发生,主要是储藏室未经彻底消毒处理,储藏期间管理不善等原因引起。

(6) 缺氧。由于储藏室封闭过早或薯块储藏量过大,使储藏室氧气减少,二氧化碳增多,当空气中二氧化碳气体体积浓度达4％～5％时,呼吸作用受到抑制,使薯块因缺氧而造成腐烂。

2. 烂薯防治技术

针对储藏期间烂薯的原因,可以采取农业防治与储藏期管理相结合的防腐技术,使番薯储藏3～5个月的腐烂率由传统方法的50％下降为10％。主要采取的综合防治措施如下:

(1) 选用无病种薯,最好与花生、玉米、水稻轮作。

(2) 培育壮苗,适当早栽,增施磷肥和腐熟有机肥,提高植株抗病能力。

(3) 适时收获。保证气温下降至12摄氏度时收藏结束,防止气温降至9摄氏度时薯块受冷害,感染病害。

(4) 储藏室消毒。选择地势高、土质硬、地下水位低的地方建储藏室,然后用硫黄熏蒸1～2天,通常每立方米用硫黄50克。

(5) 加强储藏期管理。收入储藏室的薯块要求无病虫、无裂缝、无伤口、无露头青、无冻害、无水浸。为防止储藏期发生黑斑病、软腐病等病害,可用70％甲基硫菌灵可湿性粉剂或50％多菌灵胶悬剂800倍液浇薯块消毒。储藏期管理分三个时期,一般遵循前期通气降温、中期保温防寒,后期平稳室温的原则。①储藏初期。番薯在入室后20天内,温度高,湿度大,常发生"发汗"现象,使堆表薯块造成湿害,可在薯堆上覆盖一层草。另注意不要过早封闭储藏室。②储藏中期。番薯入室后20天到第二年2月初为中期,此时气温低,易受冷害,要封闭储藏室。薯堆上盖草也能防止冷害。③储藏后期。番薯经长期储藏后生理机能衰退,此时气温回升,应及时打开储藏室通风换气,降低室内温湿度。

（七）番薯周年保鲜储藏的环境条件

番薯不同于其他粮食作物，它是以块根为收获物，鲜薯细嫩，含水量高，皮薄易破损，易受冷害和感染病害而发生腐烂，这一点与水果相似。要随时检查并调整储藏的温度、湿度。只要满足番薯对储藏条件的要求，保鲜时间可达8个月以上，番薯完好率可达96%，大大提高番薯的价值。番薯周年保鲜储藏对环境的要求如下：

（1）温度。番薯储藏的最适温度是10～14摄氏度，在此范围内，呼吸作用较弱。当温度上升到20摄氏度时，呼吸作用增强，消耗养料多，引起糠心，加速黑斑病和软腐病的发生。低于9摄氏度易受冷害，使薯块内部变褐色发黑，发生硬心，煮不烂，后期易腐烂。

（2）湿度。番薯储藏的最适湿度为80%～95%。当室内相对湿度低于80%时，引起番薯失水萎蔫，食用品质下降；当相对湿度大于95%时，呼吸作用虽然降低，但微生物活动旺盛，易受病害。

（3）空气成分。据测定，当空气中氧气和二氧化碳气体体积浓度分别为15%和5%时，能抑制番薯呼吸作用，降低有机养料消耗，增加番薯储藏时间；当氧气不足5%时，番薯进行无氧呼吸而发生腐烂。

（八）如何储藏种薯

番薯栽培通常采用块根进行无性繁殖，留种的重量和体积都很大。种薯水分含量高，呼吸强度大，在收获运输过程中易受机械损伤，又不能经过干燥再进行储藏。因此，番薯对储藏条件要求很严格。若储藏保管不当，不但会引起种薯腐烂变质，疫病蔓延，还能加速其种质退化，降低种用价值。所以，在储藏种薯时，除按一般种子储藏保管方法严格执行外，还应考虑番薯种薯的储藏特点和质变规律，在储藏时采取适宜的技术措施。

番薯种薯的收获与储藏都需要适时早收。适时早收但不可过早，过早了,一来产量低,二来气温高,容易引起储藏室内温度过高而对番薯储藏不利。但是也不可过晚,否则,易遇冷窖,轻者番薯生物活性下降,不耐储藏,重者受软腐病菌和其他病菌侵染引起腐烂。种薯的适时收获期,以在霜降前地温降到18摄氏度时为宜。收获种薯要选择晴天土壤湿度较低时进行,上午挖薯,经晾晒后下午收入储藏室。当日入完,防止种薯过夜遭受冷冻之害。如果不能当天入室,应注意覆盖保暖。从收获到储藏应做到:选棵选块"五不入",即病、伤、淹、露头青、发芽等薯块不入窖;"四独放",即不同品种、不同采收期、食用薯与种薯要分开储藏;放入储藏室前种薯应用50%多菌灵胶悬剂800倍液浸种10分钟,沥去水分再入室,以确保种薯安全储藏;储藏期室温保持10～14摄氏度,相对湿度以85%～90%为宜,并注意通风换气。

参考文献

[1] 邵浃峰,王高林,王小飞,等.南方山地蔬菜栽培[M].北京:科学出版社,2016.

[2] 鲁燕君,丁兰,顾建强,等.小番薯脱毒种苗表现及其繁育技术[J].农民致富之友,2017(10):175.

[3] 毛伟强.迷你番薯心香的双季栽培技术[J].浙江农业科学,2009(3):507-508.

[4] 季志仙,成灿土,王忠明,等.早熟迷你甘薯新品种心香的选育[J].中国蔬菜,2008(12):34-36.

[5] 刘伟明,季志仙,成灿土,等.甘薯新品种"心香"主要栽培技术优化试验[J].上海农业学报,2008,24(4):48-50.

[6] 桑荣生.扦插密度与扦插时间对迷你心香番薯产量的影响[J].农业开发与装备,2014(11):77.

[7] 朱建军,吴列洪,李兵,等.甘薯浙薯13在浙南山区的试种表现[J].浙江农业科学,2005(2):135-136.

[8] 吴列洪,李兵,沈升法.迷你甘薯新品种浙薯6025及其栽培技术[J].园艺与种苗,2009(3):209-210.

[9] 汪云,何霭如,陈胜勇,等.脱毒甘薯广薯79的特征特性研究[J].安徽农学通报,2012,18(13):54-55.

[10] 柳鸿镇.介绍日本三个甘薯新品种[J].福建农业科技,1987(4):012.

[11] 顾建强,鲁燕君,毛伟强,等.临安小香薯产业发展的经验、问题与

对策思考[J].南方农业,2017,11(25):83-85.

[12] 张育青,鲁燕君,毛伟强.迷你番薯-迷你番薯-长梗白菜多熟种植模式[J].农业科技通讯,2017(6):199-200.

[13] 康明辉,刘德畅,海燕,等.甘薯脱毒技术的原理及方法[J].种业导刊,2010(1):14-15.

[14] 解红娥,武宗信,冯文龙,等.甘薯脱毒技术及应用[J].园艺与种苗,1997(6):25-26.

[15] 张立新,冯志宏,王春生.影响红薯贮藏保鲜的因素及其保鲜技术[J].保鲜与加工,2010(4):51-53.

[16] 汪志铮.警惕黑斑病薯[J].中国保健食品,2014(5):5.

[17] 常海月.怎样对红薯进行保鲜储藏[J].河南农业,2014(1):60-61.

[18] 刘建云.红薯储藏技术[J].河北农业,2014(11):010.

[19] 王军.红薯贮藏期间发生腐烂的原因及对策[J].种业导刊,2013(9):32-33.

[20] 蔡文梅.迷你番薯无公害栽培技术[J].上海农业科技,2006(6):84-85.

[21] 杨元胜,苏鹏皓,刘东东.红薯病虫害防治技术[J].现代农村科技,2011(9):37.

[22] 郑锦瀛.浅析番薯病虫害的防治技术及措施[J].农民致富之友,2016(12):57.

[23] 吴春莲,吴卓生,冯顺洪,等.番薯栽培技术管理与病虫害防治[J].江西农业,2017(6S):16.

[24] 张作鹏,宋朝阳,张宇翔,等.红薯病虫害为害症状识别与防治[J].河南农业,2007(15):16.

[25] 高玉玲.红薯种的选留及储藏[J].河南农业,2015(1):41.